清新又可愛

雙色刺繡圖案 & 小物集

樋口愉美子／設計·製作

許倩珮／翻譯

前　言

這是一本在衆多的繡線中，

挑選兩個顏色來刺繡之「雙色刺繡」的書。

接續上一本的「單色刺繡」，

這次爲了讓更多的人得以使用，

所以介紹的都是用單純、簡易的針法就能完成的圖案。

「雙色刺繡」是藉由兩個顏色的搭配，

來強調主題（花樣・圖案）的印象，

讓作品呈現出更多的豐富性。

以柔和色系的組合展現清新，

以明亮色系的組合創造活力，

沉穩色系的組合則顯露出大人的氛圍，

藉由色彩的搭配組合來表現各種不同的印象。

本書中所使用的顏色，都是我很喜歡的顏色組合。

讀者們也可以用自己喜愛的顏色來刺繡。

刺繡完畢之後，請一定要試著用它來製作小巧物件。

也很建議在現有的衣服或手帕上做單點刺繡。

如此一來，就能在日常生活中感受到手作的樂趣了。

Contents

Peacock garden

蛙口收納包　　Page.76

在花朵盛開的樹木旁邊安置兩隻孔
雀，用這個圖案來製作收納包。

Flower pattern
迷你手提包　　*Page.76*

很能突顯出刺繡存在感的簡單手提
包。繡上數朵或只繡一朵，效果都
非常好。

孔雀居住的庭院裡開了許許多多
的花朵。彷彿是某個不可思議故
事場景的刺繡圖案。

Flower pattern

Page.62

小巧卻富有個性的花朵圖案最好
用顏色較爲鮮明的布料來搭配。

India pattern

Page.64

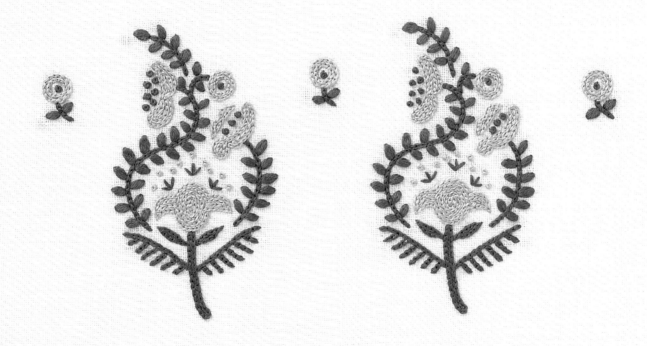

束口袋 *Page.77*

仿照印度傳統花樣的圖案。袋口也
裝飾小巧的花朵，非常華麗的束口
袋。

Flower wreath

Page.65

14

杯墊　*Page.78*

花環形狀的藤蔓上散布著立體造型
的花朵。加大尺寸的杯墊很適合用
來點綴餐桌。

Dancing birds

Page.66

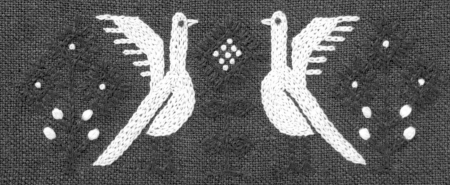

眼鏡袋　*Page.79*

以古典的十字繡圖案爲靈感，將擺尾舞動的鳥兒對稱地刺繡上去。利用沉穩色調的亞麻布製作充滿大人氛圍的眼鏡袋。

領帶　*Page.80*

富有立體感的毛絨絨樹木圖案相當
有魅力。領帶以手工縫製而成。

眼罩　*Page.81*

散發著寧靜氛圍的眼罩。夾入鋪棉
的舒適配戴感讓人迅速墜入夢鄉。

蛙口包造型項鍊　*Page.81*

輕飄飄地在胸前擺盪的蒲公英絨球。
把小小的蛙口包做成項鍊。

迷你蛙口包　*Page.56*

以重疊的鎖鍊繡來表現斑馬的條
紋。若省略條紋的話，立刻就能
變身為普通的馬！

卡片收納包　*Page.82*

連續的葉子對稱地排列在兩側的藤
蔓花樣。連折起的內側部分也施以
精美刺繡的卡片收納包。

在胸前漂蕩的清涼遊艇刺繡。因爲
簡單，所以一個圖案就非常有存在
感。

嬰兒短褲　*Page.83*

鮮活的鳳梨圖案。用它來製作彷
彿不斷向周遭散發活力的嬰兒短
褲。

Little bird

Page.70

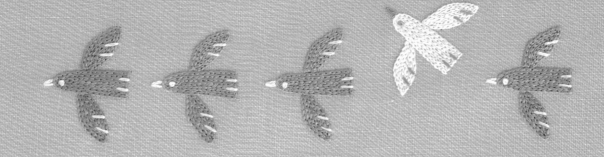

嬰兒鞋　*Page.58*

在出生不久的嬰兒腳上飛躍之小鳥
圖案嬰兒鞋。即使只繡一隻小鳥也
相當可愛！很適合當作禮物。

可愛花朵的花瓣部分統一採用淺粉紅色。選擇深淺分明的兩色是配色的訣竅所在。

Summer flowers

信封型收納袋　　Page.84

全面施以刺繡的華麗收納袋。利用
灰底搭配深粉紅色繡線之配色營造
出成熟的氛圍。

Fish ornament

飾品　　*Page.71,85*

以花朵圖案充當魚鱗的魚造型飾品。
和普普色調非常相襯。可自由發揮創
意，加上吊繩做成手機吊飾或當作壁
飾。

Dill flower

Page.70

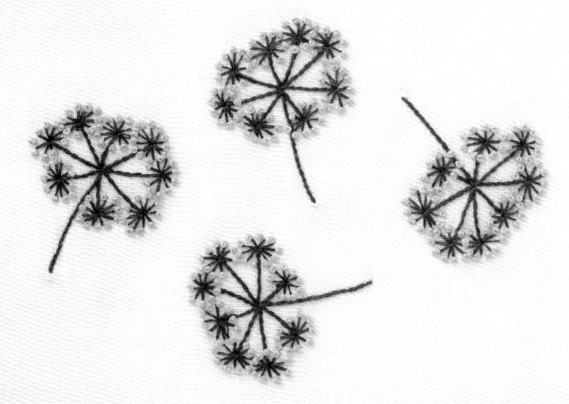

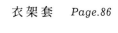

衣架套　*Page.86*

用法國結粒繡做出的小小顆粒，可
以加深人們對蒔蘿花的印象。掛上
自己喜愛的洋裝之後，就是房間裡
最醒目的裝飾。

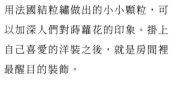

Radish

Page.74

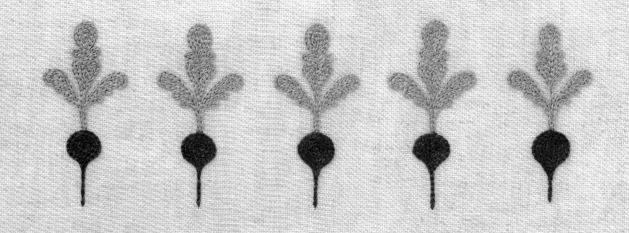

隔熱手套 *Page.87*

簡單地用鎖鍊繡來完成的櫻桃蘿蔔隔熱手套。料理時間似乎變得有趣多了！

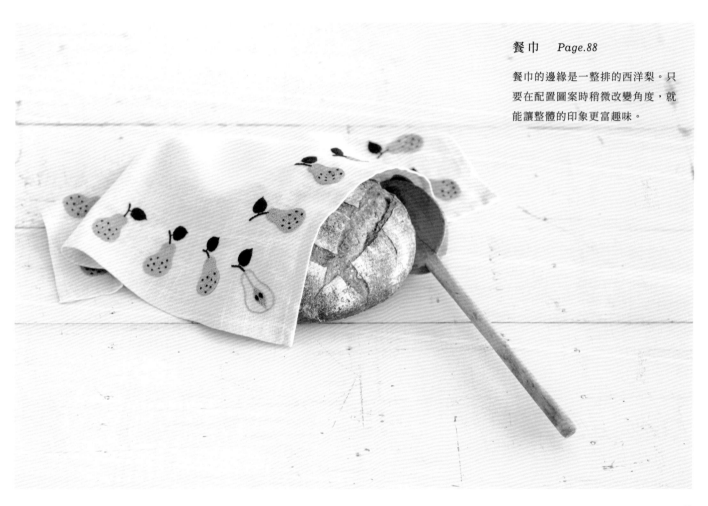

餐巾 *Page.88*

餐巾的邊緣是一整排的西洋梨。只
要在配置圖案時稍微改變角度，就
能讓整體的印象更富趣味。

咖啡廳圍裙　*Page.88*

利用法國結粒繡來呈現黃色絨球花
的立體感。色澤柔和的咖啡廳圍裙
也非常適合當作禮物。

香包　*Page.89*

類似磁磚花樣的圖案，用能帶出清
新香味感覺的配色完成刺繡。採用
後面可裝入香氛乾燥花的設計。

How to make

接下來要介紹的，
是為了要繡出漂亮作品最好事先學會的基本針法及訣竅。
圖案複印和小東西的製作方法也會從這裡開始講解。

Tools 工具

1. **粉土紙**
   用來把圖案複印到布料上的複寫紙。複印至黑色等深色布料時，要使用白色的粉土紙。

2. **描圖紙**
   用來描繪圖案的薄紙。

3. **玻璃紙**
   把圖案複印至布料時會用到，可防止描圖紙破裂。

4. **鐵筆**
   描繪圖案將其複印至布料時使用。也可用原子筆等替代。

5. **錐子**
   需要拆線重繡時的便利工具。

6. **布剪**
   最好準備鋒利的裁布專用剪刀。

7. **刺繡框**
   用來把布繃緊的框。框的大小要配合圖案尺寸來挑選，最推薦的是直徑10cm左右的框。

8. **穿繩器**
   束口袋等等需要穿入繩子或鬆緊帶的狀況時使用。

9. **穿線器**
   可輕鬆把線穿過針孔的輔助工具。

10. **線剪**
    選擇末端尖細、刀刃薄一點的剪刀比較好用。

11. **針 & 針插**
    需準備針頭尖銳的法國刺繡針，再依照25號繡線的股數，選擇適當的針來使用。

Thread 繡線

使用的是最普遍的25號繡線。不同廠牌的繡
線在顏色及色號上都有所不同。
本書使用的都是法國DMC的繡線。以鮮豔
色彩及帶有光澤的質感為其特徵，一束的長
度大約是8公尺。

依照繡線的股數
選擇不同粗細的針

依照繡線的股數選擇適合的針來使用
的話，刺繡起來會更加得心應手。但
有時也會隨著布料的厚度而改變。下
表是以可樂牌（Clover）的刺繡針
為準。

25號繡線	刺繡針
6股	3・4號
3・4股	5・6號
1・2股	7～10號

施以雙色刺繡的小物品,是利用各種顏色、質感之亞麻布來完成的。平織的亞麻布容易刺繡,可以洗濯,觸感也相當不錯,所以是最適合用於雙色刺繡的材料。另外,收納包還會用到蛙口口金等配件。

亞麻布
要先下水洗過

由於亞麻布有個特性,就是洗過之後會縮水。因此在裁布之前最好先下水洗過。還能有效地防止變形。

1. 將布料用大量的溫水或冷水浸泡數小時之後洗濯乾淨。稍微脫水。

2. 在陰涼處晾乾,尚未完全乾燥之前先調整好布紋再用熨斗燙平。

基本的縫合與刺繡針法

以下介紹本書中使用的七種針法，
以及如何繡得漂亮之訣竅。

Straight stitch
直針繡

呈現短線時所使用的針法。主要使用於葉
子或莖梗之類的圖案。

Outline stitch
輪廓繡

鑲邊等等的時候使用。曲線部分要用細小
的針腳來完成才會漂亮。

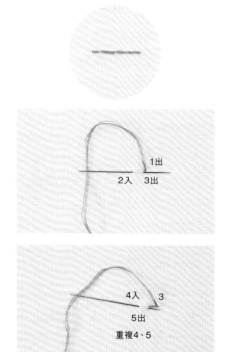

Chain stitch
鎖鍊繡

線不要拉得太緊，讓鎖鍊保持蓬鬆飽滿
是繡出漂亮鎖鍊繡的訣竅。

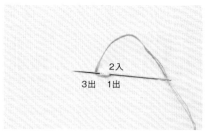

French knot stitch
法國結粒繡

法國結粒繡基本上需繞兩圈。大小可藉由
繡線的股數來調整。

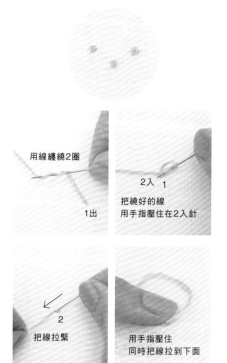

用線纏繞2圈

2入　1

1出

把繞好的線
用手指壓住在2入針

2

把線拉緊

用手指壓住
同時把線拉到下面

Satin stitch
緞面繡

以平行排列的針腳來填滿面積的針法。適
合用在需要展現分量的情況。

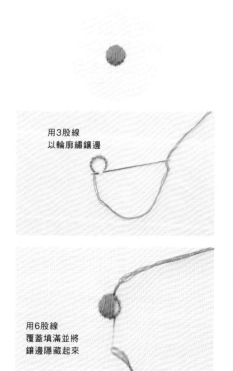

用3股線
以輪廓繡鑲邊

用6股線
覆蓋填滿並將
鑲邊隱藏起來

Lazy daisy stitch
雛菊繡

描繪小花的花瓣或小巧花樣時所使用的針
法。

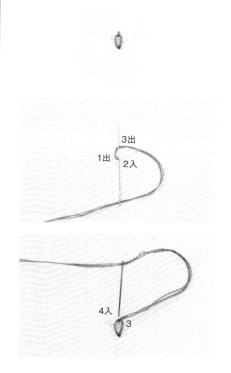

3出

1出

2入

4入

3

Lazy daisy stitch + Straight stitch
雛菊繡 ＋ 直針繡

....

在雛菊繡的中央多加一道線，來表現具有分量感的
橢圓。

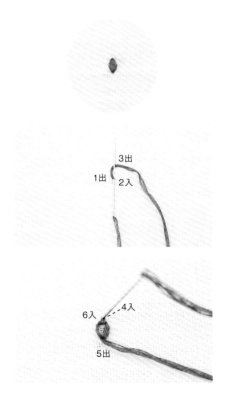

{ 漂亮地繡出轉角 }

植物等等需要用鎖鍊繡呈現出漂亮轉角的
重點就在於，改變角度的時候要稍稍偏向
內側刺繡。

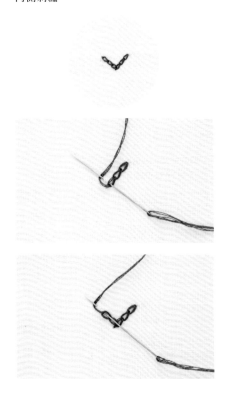

{ 漂亮地填滿面積 }

以鎖鍊繡或法國結粒繡等等的針腳來填滿
面積的情況，要隨時留意不要留下空隙。

1　繡出圖案的輪廓。

2　沿著輪廓繡出第2、第3行等等，以
　　此類推。從外側朝著中心刺繡。

{ 圖案的複印方法 }

首先從把圖案複印至布料上開始吧。圖案要配合布料的縱向紗和橫向紗來擺放。

1 把描圖紙放在圖案的上面，再描出圖案。

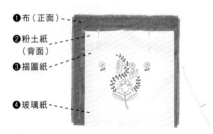

- ❶ 布（正面）
- ❷ 粉土紙（背面）
- ❸ 描圖紙
- ❹ 玻璃紙

2 依照圖片的順序重疊起來，用珠針固定之後，以鐵筆描繪圖案。

{ 繡線的處理方法 }

把指定的股數1股1股地抽出來，再合在一起使用。線要排列整齊，繡出來的成品才會好看。

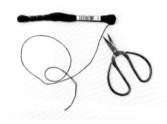

1 抽出約60cm的長度，把線剪斷。

2 從捻合的線束中把必要的股數1股1股地抽出來合在一起。

{ 刺繡的起點和終點 }

刺繡的起點和終點位置可自由決定。但在刺繡的過程中，一定要在每個圖案結束時打結固定。

和下一針的距離超過1cm的情況，一定要打結固定。

基本上在每個圖案結束時都要打結固定，這麼做還能有效地防止勾線。

雜貨的製作方式

Zebra
迷你蛙口包

Page. 25

....

【完成尺寸】　9×7.5cm

【25號繡線】

DMC B5200（白）— 1束

白馬的情況：DMC ecru（原色）— 1束

DMC 310（黑）— 1束

【材料】※流蘇的材料請參照p.57方框之內容

表布：亞麻布（綠／白馬的情況粉紅）
　　— 15X10cm　2片

裡布：喜愛的亞麻布— 15X10cm　2片

7.5cm寬的圓角方形蛙口口金（金）— 1個

紙繩：適量

【道具】

安裝蛙口口金用

木工用白膠

錐子或一字螺絲起子

口金固定鉗

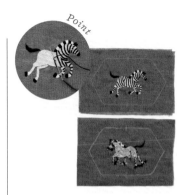

Point

1　在兩片表布的正面複印上圖案、反面複印上紙型（p.68），於裁剪之前先進行刺繡。*Point*斑馬紋是在鎖鍊繡（白）的上面疊上黑色。

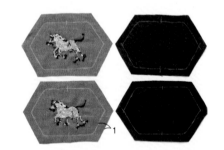

2　加上1cm的縫份裁剪下來。裡布也同樣地加上縫份裁剪好。

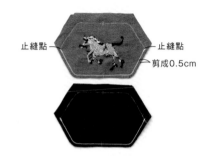

止縫點　　　止縫點
剪成0.5cm

3　把兩片表布正面對正面重疊，將兩側和底部縫合至止縫點為止。裡布也同樣地縫合起來。縫份保留0.5cm，把多餘的部分剪掉。

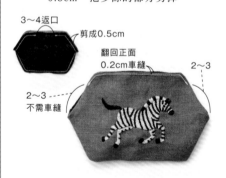

3～4返口

剪成0.5cm

翻回正面
0.2cm車縫

2～3

2～3
不需車縫

4　把3的外袋和內袋正面對正面套在一起，留下3～4cm的返口，將袋口縫合。翻回正面調整形狀，在距離袋口邊緣的0.2cm處車縫一道。

5 在蛙口口金的內側塗上木工用白膠，
把口金和袋子的中心對齊之後，將袋
口塞入口金內側的底部。

6 把剪成比口金長度略短的紙繩，用
錐子等工具壓入口金的內側。將口
金的邊端用布夾住，以口金固定鉗
夾緊固定。

Tassel
用繡線製作的
簡易流蘇

【 材料 】
25號繡線 ─ 1束
較粗的線 ─ 15cm

【 準備 】

剪下約30cm的繡線，穿在
針上。再將較粗的線兩端
併攏後打死結，使其成為
線圈後備用。

1. 於繡線的線束中央，把做
成線圈之較粗的線穿過夾
住。

2. 用穿在針上的繡線纏繞
3～4圈，將1的粗線加
以固定。

3. 把2的繡線用力拉緊，將
針穿過中央。

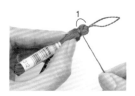

4. 把線束從中央對折。

5. 在距離線束的中央線圈
約1cm的位置，依照2～
3的要領，用繡線纏繞後
固定。

6. 把線束用紙捲好，在喜愛
的長度位置處剪斷。

Little bird
嬰兒鞋

Page. 33

【 完成尺寸 】

10×5.5×4cm

【 25號繡線 】

DMC 646（灰）一1束

DMC ecru（原色）一1束

【 材料 】

表布：亞麻布（黃）— 20X15cm　4片

裡布：亞麻布（黃）— 15X10cm　2片

內側底布：不織布（白）

　— 12X8cm　2片

繩子：亞麻布（黃）— 5X2cm　2片

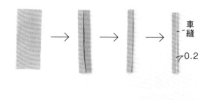

1 把繩子用的布折成四折變為0.5cm
寬，車縫固定。

2 在表布的正面複印上圖案、反面複
印上紙型（p.93），進行刺繡。

3 把2的表布加上1cm的縫份裁剪下
來。剩下的表布（作為裡布）、底布
也複印上紙型，以同樣的方式裁剪
好。不織布不需要縫份。

4 把表布正面對正面對折，將鞋尾中
央縫合之後，打開縫份。裡布也同
樣地縫合。

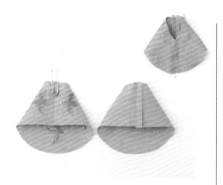

5 把表布翻回正面，在鞋尾中央把 *1* 的繩子用珠針固定上去。將表布和裡布正面對正面套在一起。

7 翻回正面並將表布塞入內側，調整形狀。

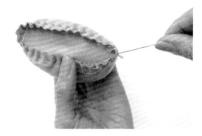

9 將底面的縫份縮縫一圈收緊，折到內側。

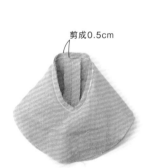

剪成0.5cm

6 在上端縫合一圈。留下0.5cm的縫份後剪掉多餘的部分，於曲線部分剪出牙口。

8 把7和底布正面對正面疊好，將底面縫合。

10 把不織布重疊在底面上，周圍以捲針縫縫合之後翻回正面。

Peacock garden
Page. 8

◎25號繡線 — ■DMC ecru（原色）
　　　　　　　 ■DMC 3852（黃）

※指定以外都是鎖鍊繡（3）
※（）中的數字是繡線的股數

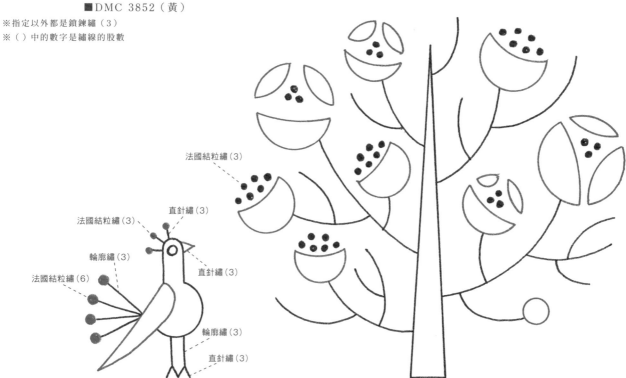

法國結粒繡(3)

法國結粒繡(3)　　直針繡(3)

輪廓繡(3)

法國結粒繡(6)　　直針繡(3)

輪廓繡(3)

直針繡(3)

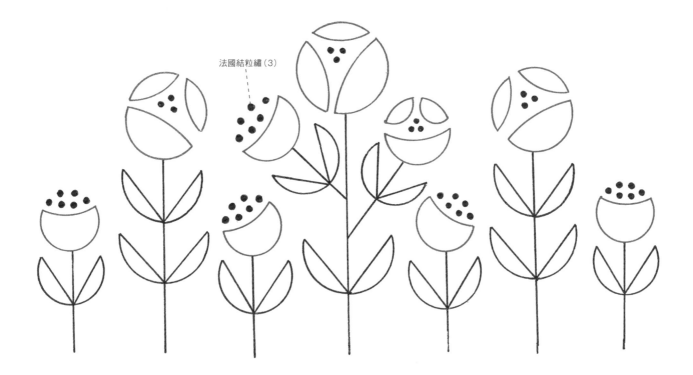

法國結粒繡（3）

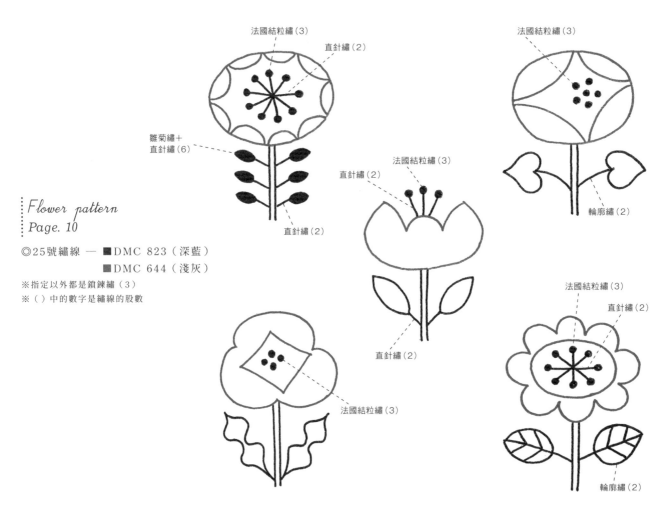

法國結粒繡（3）

直針繡（2）

法國結粒繡（3）

雛菊繡＋
直針繡（6）

法國結粒繡（3）

直針繡（2）

直針繡（2）

Flower pattern
Page. 10

◎25號繡線 ― ■DMC 823（深藍）
　　　　　　■DMC 644（淺灰）

※指定以外都是鎖鍊繡（3）
※（）中的數字是繡線的股數

輪廓繡（2）

法國結粒繡（3）

直針繡（2）

法國結粒繡（3）

直針繡（2）

法國結粒繡（3）

輪廓繡（2）

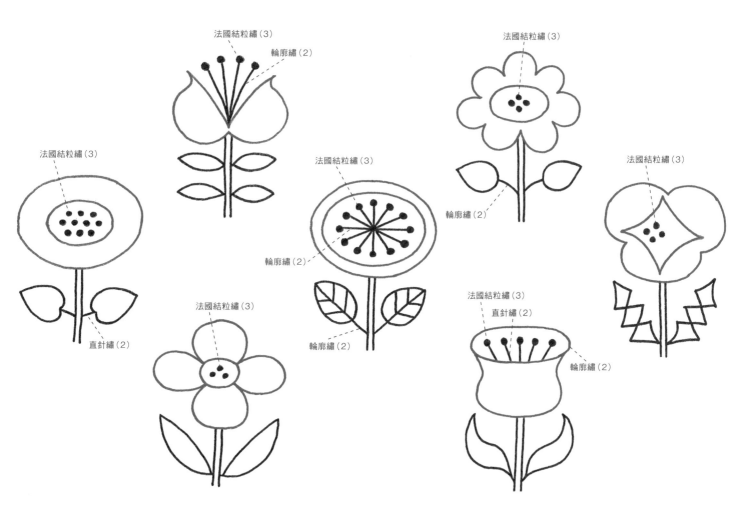

法國結粒繡（3）

輪廓繡（2）

法國結粒繡（3）

法國結粒繡（3）

法國結粒繡（3）

輪廓繡（2）

法國結粒繡（3）

法國結粒繡（3）

輪廓繡（2）

輪廓繡（2）

直針繡（2）

法國結粒繡（3）

法國結粒繡（3）

直針繡（2）

輪廓繡（2）

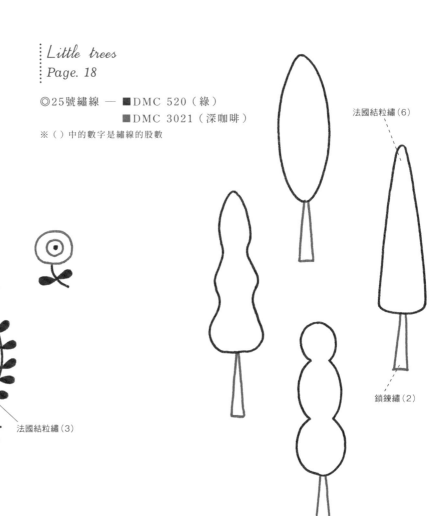

India pattern
Page. 12

◎25號繡線 — ■DMC 311（藍）
　　　　　　 ■DMC 932（水藍）
※指定以外都是鎖鍊繡（3）
※（ ）中的數字是繡線的股數

雛菊繡＋直針繡（6）

法國結粒繡（3）

直針繡（3）

法國結粒繡（3）

Little trees
Page. 18

◎25號繡線 — ■DMC 520（綠）
　　　　　　 ■DMC 3021（深咖啡）
※（ ）中的數字是繡線的股數

法國結粒繡（6）

鎖鍊繡（2）

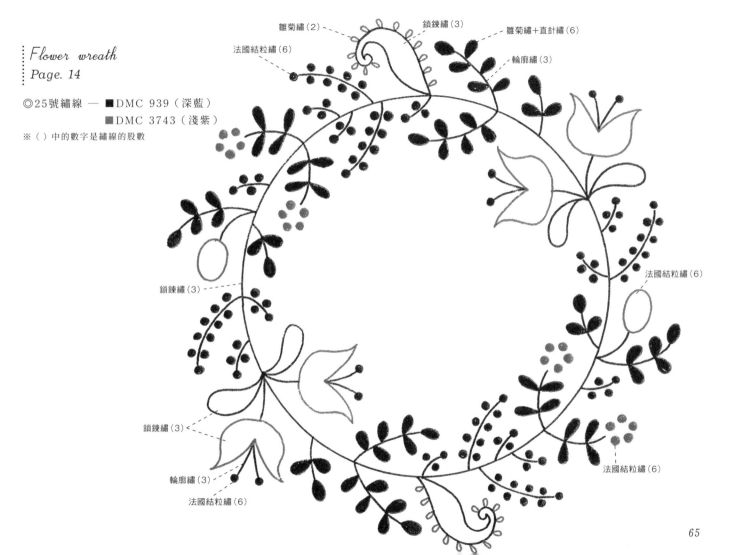

Flower wreath
Page. 14

◎25號繡線 — ■DMC 939（深藍）
　　　　　　　　■DMC 3743（淺紫）
※（ ）中的數字是繡線的股數

雛菊繡（2）
鎖鍊繡（3）
雛菊繡＋直針繡（6）
法國結粒繡（6）
輪廓繡（3）

鎖鍊繡（3）

法國結粒繡（6）

鎖鍊繡（3）

輪廓繡（3）
法國結粒繡（6）

法國結粒繡（6）

◎25號繡線 — ■DMC 3777（紅）

　　　　　　　■DMC 739（象牙白）

※指定以外都是鎖鍊繡（2）

※（ ）中的數字是繡線的股數

雛菊繡（2）

法國結粒繡（2）

直針繡（2）

法國結粒繡（2）

法國結粒繡（2）

雛菊繡（2）

雛菊繡＋
直針繡（4）

直針繡（2）

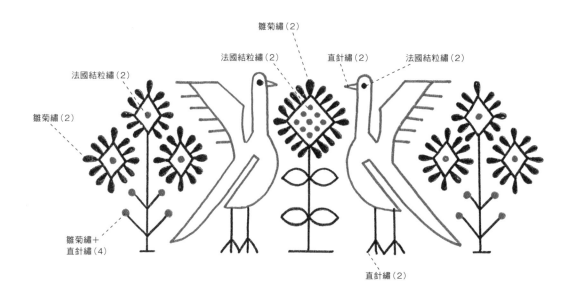

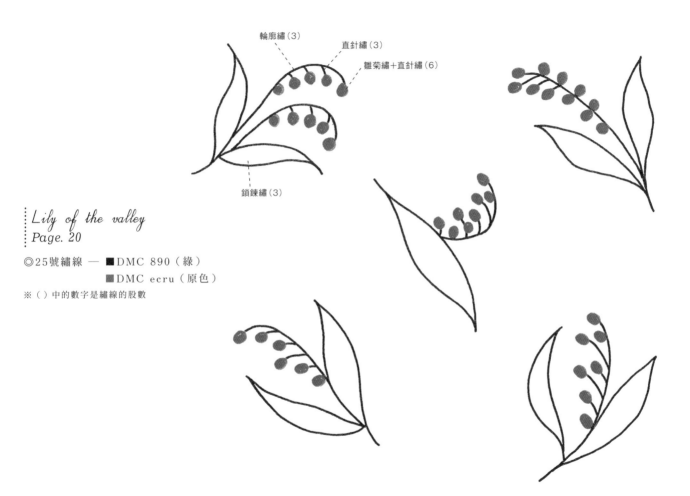

輪廓繡（3）

直針繡（3）

雛菊繡＋直針繡（6）

鎖鍊繡（3）

Lily of the valley
Page. 20

◎25號繡線 — ■DMC 890（綠）

■DMC ecru（原色）

※（ ）中的數字是繡線的股數

Puffball
Page. 22

◎25號繡線 — ■DMC 505（綠）

　　　　　　　■DMC 800（水藍）

※蛙口包造型項鍊（Page.23）附有紙型

※（）中的數字是繡線的股數

Zebra
Page. 24

◎25號繡線 — ■DMC B5200（白）

　　　　　　　■DMC 310（黑）

※迷你蛙口包（Page.25）附有紙型

※（）中的數字是繡線的股數

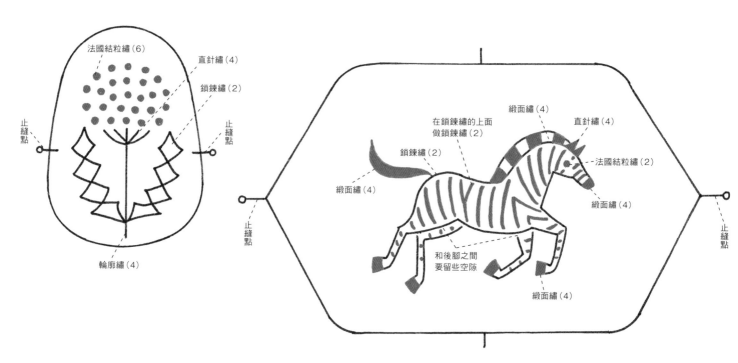

法國結粒繡（6）

直針繡（4）

鎖鍊繡（2）

止縫點

止縫點

輪廓繡（4）

緞面繡（4）

直針繡（4）

在鎖鍊繡的上面做鎖鍊繡（2）

鎖鍊繡（2）

法國結粒繡（2）

緞面繡（4）

緞面繡（4）

止縫點

和後腳之間要留些空隙

緞面繡（4）

止縫點

Leaf pattern
Page. 26

◎25號繡線 — ■DMC B5200（白）

■DMC 823（深藍）

※指定以外都是鎖鍊繡（3）
※（ ）中的數字是繡線的股數

Yacht
Page. 28

◎25號繡線 — ■DMC 3687（粉紅）

■DMC ecru（原色）

※（ ）中的數字是繡線的股數

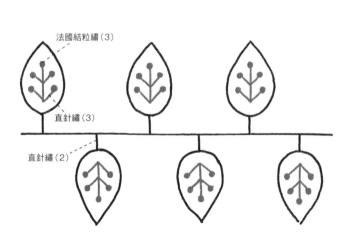

法國結粒繡（3）

直針繡（3）

直針繡（2）

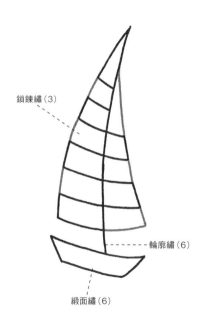

鎖鍊繡（3）

輪廓繡（6）

緞面繡（6）

Pineapple
Page. 30

◎25號繡線 — ■DMC 834（黃）
　　　　　　■DMC 310（黑）

※（ ）中的數字是繡線的股數

Little bird
Page. 32

◎25號繡線 — ■DMC 646（灰）
　　　　　　■DMC ecru（原色）

※（ ）中的數字是繡線的股數

Dill flower
Page. 38

◎25號繡線 — ■DMC 500（綠）
　　　　　　■DMC 224（粉紅）

※（ ）中的數字是繡線的股數

鎖鍊繡（2）

法國結粒繡（6）

輪廓繡（2）

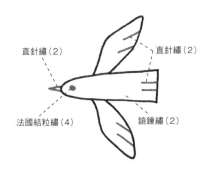

直針繡（2）

直針繡（2）

法國結粒繡（4）

鎖鍊繡（2）

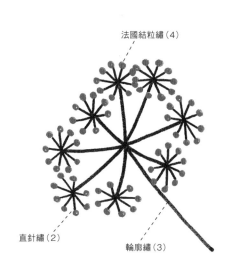

法國結粒繡（4）

直針繡（2）

輪廓繡（3）

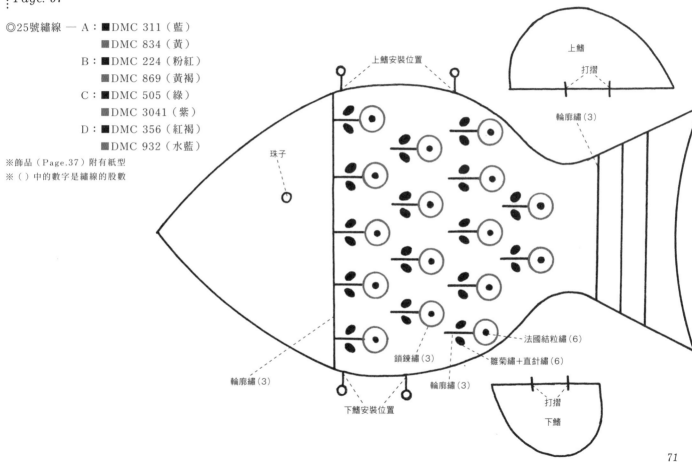

Fish ornament
Page. 37

◎25號繡線 — A：■DMC 311（藍）
　　　　　　　　■DMC 834（黃）
　　　　　B：■DMC 224（粉紅）
　　　　　　　　■DMC 869（黃褐）
　　　　　C：■DMC 505（綠）
　　　　　　　　■DMC 3041（紫）
　　　　　D：■DMC 356（紅褐）
　　　　　　　　■DMC 932（水藍）

※飾品（Page.37）附有紙型
※（　）中的數字是繡線的股數

上鰭安裝位置

珠子

上鰭

打摺

輪廓繡（3）

法國結粒繡（6）

鎖鍊繡（3）

雛菊繡＋直針繡（6）

輪廓繡（3）

輪廓繡（3）

下鰭安裝位置

打摺

下鰭

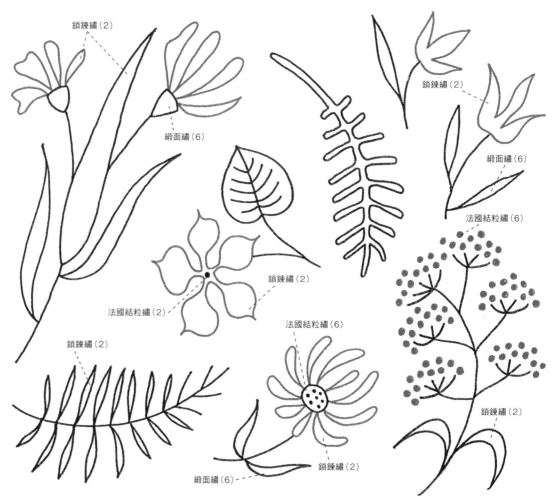

Summer flowers
Page. 34

◎25號繡線 —

■DMC 645（灰）

■DMC 950（淺粉紅）

※指定以外都是輪廓繡（2）

※（）中的數字是
繡線的股數

鎖鍊繡（2）

緞面繡（6）

鎖鍊繡（2）

緞面繡（6）

法國結粒繡（6）

鎖鍊繡（2）

法國結粒繡（2）

鎖鍊繡（2）

法國結粒繡（6）

鎖鍊繡（2）

緞面繡（6）

鎖鍊繡（2）

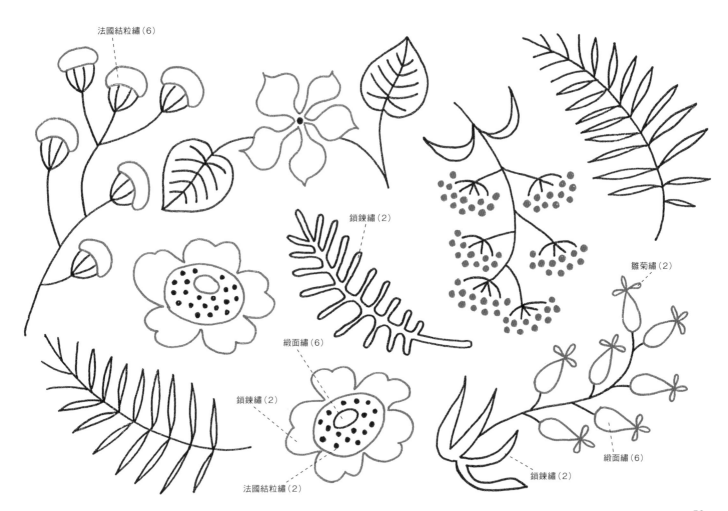

法國結粒繡（6）

鎖鍊繡（2）

雛菊繡（2）

緞面繡（6）

鎖鍊繡（2）

法國結粒繡（2）

鎖鍊繡（2）

緞面繡（6）

◎25號繡線 — ■DMC 502（綠）
　　　　　　■DMC 817（紅）

※（ ）中的數字是繡線的股數

◎25號繡線 — ■DMC 500（綠）
　　　　　　■DMC 422（淺咖啡）

※（ ）中的數字是繡線的股數

◎25號繡線 — ■DMC 3799（灰）
　　　　　　■DMC 833（黃）

※（ ）中的數字是繡線的股數

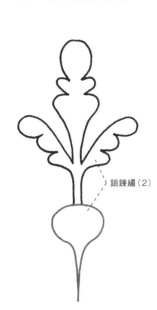

鎖鍊繡(2)

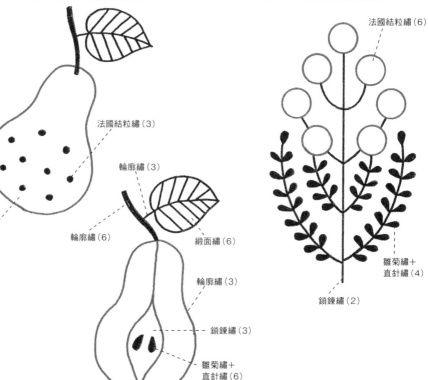

法國結粒繡(3)

輪廓繡(3)

輪廓繡(6)

緞面繡(6)

輪廓繡(3)

鎖鍊繡(3)

鎖鍊繡(3)

雛菊繡＋
直針繡(6)

法國結粒繡(6)

鎖鍊繡(2)

雛菊繡＋
直針繡(4)

Tile pattern
Page. 46

◎25號繡線 — ■DMC 640（綠）
　　　　　　　 ▤DMC 754（淺粉紅）

※香包（Page.47）附有紙型
※指定以外都是鎖鍊繡（2）
※（ ）中的數字是繡線的股數

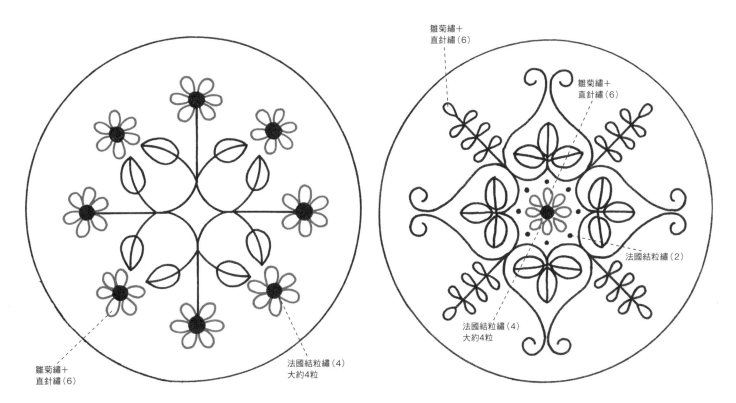

雛菊繡＋
直針繡（6）

雛菊繡＋
直針繡（6）

法國結粒繡（2）

雛菊繡＋
直針繡（6）

法國結粒繡（4）
大約4粒

法國結粒繡（4）
大約4粒

Peacock garden
蛙口收納包

Page.6

【完成尺寸】

18×12cm

【25號繡線】

■DMC 645（灰）— 1束

■DMC 3852（黃）— 2束

【材料】

表布：亞麻布（原色）— 30X25cm

裡布：壓棉布（原色）— 30X25cm

15cm寬的半月形蛙口口金（金）

　— 1個

紙繩：適量

【道具】

木工用白膠

錐子或一字螺絲起子

口金固定鉗

【作法】

※蛙口雜貨的作法參照p.56

1　在表布的正面複印上圖案、反面複印上紙型（p.90），刺繡完畢之後加上1cm的縫份裁剪下來。

2　把表布正面對正面對折，將兩側和側襠車縫起來。裡布也同樣地裁剪好，車縫兩側和側襠。

3　把2的外袋和內袋正面對正面套在一起，留下5cm的返口，將袋口縫合。

4　留下0.5cm的縫份，剪掉多餘的部分。接著再沿著曲線，將縫份剪出牙口的話，就能做漂亮的曲線。

5　把4翻回正面調整形狀，縫合返口，並在距離袋口邊緣的0.2cm處車縫一道。

6　在袋口安裝蛙口口金。

Flower pattern
迷你手提包

Page.7

【完成尺寸】

22×18cm

【25號繡線】

■DMC 644（淺灰）— 2束

■DMC 900（橘）— 2束

【材料】

表布：亞麻布（深藍）— 50X25cm

裡布：亞麻布（白）— 50X25cm

繩子：亞麻布（深藍）

　—5X40cm（提把用）

　—3X40cm　2條（繫繩用）

【作法】

1　把提把用的布折成四折車縫固定。繫繩用的布也同樣地折疊、車縫，製作兩條。

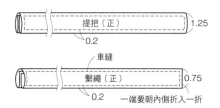

提把（正）　1.25
0.2
車縫
繫繩（正）　0.75
0.2
一端要朝內側折入一折

2　在表布的正面、下圖的位置把圖案（p.63）複印上去，刺繡完畢之後在四邊加上1cm的縫份裁剪下來。

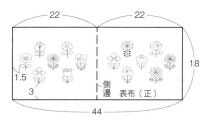

22　22
18
1.5
3
側邊　表布（正）
44

3　把2的表布正面對正面對折，留下袋口，縫合成袋狀。裡布也同樣地裁剪好、縫合成袋狀。

4　把3的外袋和內袋的袋口縫份1cm朝反面折好，將外袋翻回正面，再將內袋套入外袋之中。

5　把內袋和外袋的袋口調整好，在袋口夾入提把和繫繩之後，於距離袋口0.2cm的位置車縫一道。

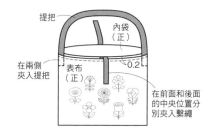

提把
內袋（正）
在兩側夾入提把
表布（正）　0.2
在前面和後面的中央位置分別夾入繫繩

India pattern
束口袋

Page.13

【完成尺寸】

13×18cm

【25號繡線】

■DMC 932（水藍）— 1束
■DMC 3756（淺水藍）— 1束

【材料】

表布：亞麻布（藍）— 55X20cm
0.3cm寬的繩子（深藍）— 40cm　2條

【作法】

1 在表布的正面、下圖的位置把圖案（p.64）複印上去，刺繡完畢之後在四邊加上1cm的縫份裁剪下來。

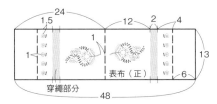

2 把1表布的縫份以鋸齒車縫收邊。

3 把2的表布正面與正面對折、留下穿繩口，將兩側縫合起來。打開縫份。

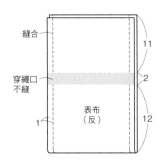

4 把3翻回正面調整形狀，將袋口朝內側折入7cm。

5 在距離袋口4cm和6cm的位置各車縫一道。

6 把繩子從左右穿過兩側的穿繩口，打結。

Flower wreath

杯墊

Page.15

【完成尺寸】

直徑16cm

【25號繡線】

■DMC 823（深藍）— 2束

▓DMC 3042（淺紫）— 1束

【材料】

表布：亞麻布（白）— 20X20cm

裡布：亞麻布（白）— 20X20cm

【作法】

1　在表布的正面複印上圖案、反面複印上紙型（p.91），刺繡完畢之後加上1cm的縫份裁剪下來。

2　把裡布像表布一樣地裁剪好，和1的表布正面對正面重疊。留下4cm的返口，縫合起來。

3　留下0.5cm的縫份，剪掉多餘的部分。接著再沿著曲線將縫份剪出牙口的話，就能做漂亮的曲線。

4　從返口翻回正面，調整好形狀之後，以藏針縫將返口縫合。

Dancing birds
眼鏡袋
....

Page.17

【完成尺寸】

9×20cm

【25號繡線】

■ DMC 646（灰）— 1束

■ DMC 739（象牙白）— 1束

【材料】

表布：亞麻布（紅褐）
　　— 15X45cm　1片

裡布：壓棉布（原色）
　　— 15X45cm　1片

0.3cm寬的繩子 — 10cm

直徑1.8cm的鈕釦 — 1個

【作法】

1　在表布的正面、右上圖的位置把圖案（p.66）複印上去，刺繡完畢之後在四邊加上1cm的縫份裁剪下來。

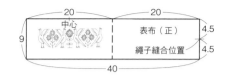

2　把1的表布正面與正面對折，縫合兩側。裡布也同樣地裁剪好，留下5cm的返口，縫合兩側。

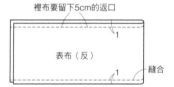

3　把外袋和內袋正面對正面套在一起，在袋口的中央夾入對折的繩子之後將袋口縫合。

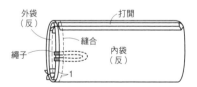

4　把3翻回正面調整形狀，以藏針縫將返口縫合。在外袋·前面的袋口中央縫上鈕釦。

Little trees
領帶

Page.19

【完成尺寸】

7.5×140cm

【25號繡線】

■DMC 502（綠）— 3束
■DMC 841（米黃）— 1束

【材料】

表布：亞麻布（咖啡）
　— 150X20cm
裡布：亞麻布（米黃）
　— 20X15cm（大劍用）
　— 15X10cm（小劍用）

【作法】

1 在表布的正面、下圖的位置把圖案（p.64）複印上去，刺繡完畢之後加上1.5cm的縫份裁剪下來。把裡布依照下圖尺寸、不加縫份裁剪好。

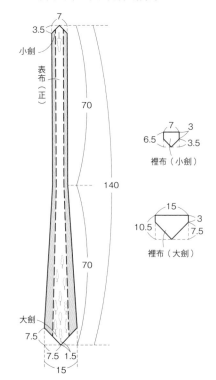

2 把表布的縫份折到反面。裡布2片是將7cm和15cm兩邊以外的布邊朝反面折疊0.5cm。

3 把2的裡布重疊在表布各劍尖部分的反面，以藏針縫縫合。

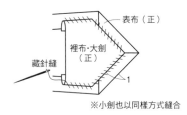

※小劍也以同樣方式縫合

4 把3的長邊折到反面，讓兩側在中央接合。調整好領帶的形狀之後以捲針縫縫合。

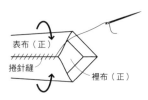

Lily of the valley
眼罩

Page.21

【完成尺寸】

19×10cm

【25號繡線】

■DMC 890（綠）— 1束

■DMC ecru（原色）— 1束

【材料】

表布：亞麻布（水藍）— 25X15cm　2片

內襯：壓棉布（原色）— 25X15cm

鬆緊部分：亞麻布（水藍）— 4X47cm

0.5cm寬的鬆緊帶 — 35cm

【道具】

穿繩器

【作法】

1 把鬆緊部分用的布正面與正面對折縫合，翻回正面，用穿繩器穿入鬆緊帶之

後將兩端縫合固定。

2 在1片表布的正面複印上圖案、反面複印上紙型（p.91），刺繡完畢之後加上1cm的縫份裁剪下來。

3 把另1片表布和內襯像2的表布一樣地裁剪好。將2片表布正面對正面重疊，在當中夾入1的鬆緊部分，把內襯重疊上去之後，留下4cm的返口，縫合起來。

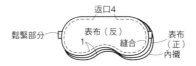

4 留下0.5cm的縫份，剪掉多餘的部分。接著再沿著曲線將縫份剪出牙口的話，就能做漂亮的曲線。

5 把4翻回正面，以藏針縫將返口縫合。

Puffball
蛙口包造型項鍊

Page.23

【完成尺寸】

4.5×7cm

【25號繡線】

■DMC 562（綠）—1束

■DMC 721（橘）—1束

【材料】

表布：亞麻布（原色）

　　—15X10cm　2片

裡布：喜愛的亞麻布—15X10cm

3.6cm寬的深圓弧蛙口口金（金）—1個

紙繩—適量

項鍊的鍊條（金）—70cm

【道具】

木工用白膠

錐子或一字螺絲起子

口金固定鉗

※蛙口雜貨的作法參照p.56

1 在2片表布的正面複印上圖案、反面複印上紙型（p.68），刺繡完畢之後加上1cm的縫份裁剪下來。

2 把1的2片表布正面對正面重疊，將兩側至止縫點和底部縫合。裡布也同樣地裁剪2片，縫合起來。

3 把2的外袋和內袋正面對正面套在一起，留下3～4cm的返口，將袋口縫合。

4 留下0.5cm的縫份，剪掉多餘的部分。接著再沿著曲線將縫份剪出牙口的話，就能做漂亮的曲線。

5 把4翻回正面調整形狀，在距離袋口邊緣0.2cm的位置車縫一道。

6 在袋口安裝蛙口口金，將鍊條穿過去。

Leaf pattern
卡片收納包

Page.27

....

【完成尺寸】

10.5×7cm

【25號繡線】

A（深藍）：

■DMC ecru（原色）─2束
■DMC 869（咖啡）─2束

B（黃）：

■DMC B5200（白）─2束
■DMC 823（深藍）─2束

【材料】（1個分）

表布：亞麻布（A深藍／B黃）
　─ 40X40cm

裡布：亞麻布（原色）─ 40X10cm

---

1 在表布的正面、下圖的位置把圖案（p.69）複印上去，刺繡完畢之後在四邊加上1cm的縫份裁剪下來。

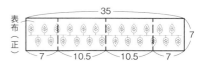

2 裡布也同樣地裁剪好之後，把表布和裡布正面對正面重疊，留下4cm的返口，沿邊縫合一圈。留下0.5cm的縫份後裁剪下來。

3 把2翻回正面調整形狀，以藏針縫縫合返口後，將兩端折7cm到裡布側，於距離袋口邊緣0.2cm處車縫一道。

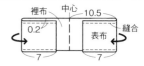

4 把3朝內側對折，在距離中央0.5cm的位置縫合固定。

Yacht
襯衫

Page.29

【25號繡線】

■DMC 311（藍）— 1束

■DMC ecru（原色）— 1束

【材料】

市售的兒童襯衫

【作法】

在襯衫上自己喜歡的位置把圖案（p.69）複印上去，進行刺繡。

Pineapple
嬰兒短褲

Page.31

【完成尺寸】

腰圍約45cmX長度約24cm

【25號繡線】

■DMC 3852（黃）— 4束

■DMC 699（綠）— 2束

【材料】

表布：亞麻布（白）

— 40X35cm　2片

0.5cm寬的鬆緊帶

— 30cm　2條（褲管用）

— 50cm（腰圍用）

【道具】

穿繩器

【作法】

1 分別在2片表布的正面複印上圖案、反面複印上紙型（p.92），刺繡完畢之後如下圖所示，加上縫份裁剪下來。

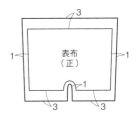

2 把 *1* 的2片表布的縫份以鋸齒縫車縫收邊。

3 把2片表布正面對正面重疊，將兩側和胯下部分縫合起來。

4　把兩褲管部分的縫份折成三折，留下2cm的鬆緊帶穿入口，在距離折線0.2cm的位置車縫一圈。

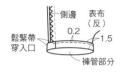

側邊
表布（反）
0.2
鬆緊帶穿入口
1.5
褲管部分

5　腰圍部分和4一樣，把縫份折成三折，留下2cm的鬆緊帶穿入口，在距離折線0.2cm的位置車縫一圈。

6　把5翻回正面，從鬆緊帶穿入口將鬆緊帶穿過、打結。腰圍要依照嬰兒的尺寸來製作。

Summer flowers
信封型收納袋

Page.36

【完成尺寸】

21×10cm

【25號繡線】

■DMC 712（淺奶油色）— 2束

■DMC 356（深粉紅）— 2束

【材料】

表布：亞麻布（灰）— 35X25cm

裡布：亞麻布（粉紅）— 35X25cm

0.3cm寬的繩子 — 50cm　2條

【作法】

1　在表布的正面複印上圖案、反面複印上紙型（p.93），刺繡完畢之後加上1cm的縫份裁剪下來。

2　裡布也像表布一樣地裁剪好，把表布和裡布正面對正面重疊，夾入2條繩子，留下5cm的返口，沿邊縫合一圈。

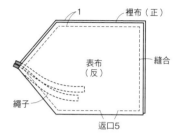

1
裡布（正）
表布（反）
縫合
繩子
返口5

3　留下0.5cm的縫份，剪掉多餘的部分。

4　從返口翻回正面，調整好形狀之後，從底側折起9.5cm，在距離兩側邊緣0.2cm的位置各車縫一道。於繩子的末端打單結。

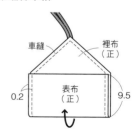

車縫
裡布（正）
0.2
表布（正）
9.5

Fish ornament
飾品

Page.37

【完成尺寸】

15×12cm

【25號繡線】

A（水藍）：
　■DMC 311（藍）—1束
　■DMC 834（黃）—1束

B（藍綠）：
　■DMC 224（粉紅）—1束
　■DMC 869（咖啡）—1束

C（淺粉紅）：
　■DMC 505（綠）—1束
　■DMC 3041（紫）—1束

D（綠）：
　■DMC 356（紅褐）—1束
　■DMC 932（水藍）—1束

【材料】（1個分）

表布：亞麻布（A 水藍／B 藍綠／
　　C 淺粉紅／D 綠）
　　— 20X15cm　2片
鰭部分：亞麻布（和表布同色）
　　— 8X10cm（上鰭用）
　　— 7X10cm（下鰭用）
手工藝用棉花 — 適量
珠子（白）— 2粒

【作法】

1　在上鰭部分的布複印上紙型（p.71），
加上1cm的縫份裁剪成2片，正面對正
面重疊縫合之後翻回正面。下鰭部分
的布也以同樣方式處理。

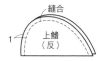

2　在2片表布的正面複印上圖案、反面複
印上紙型（p.71），刺繡完畢之後加上
1cm的縫份裁剪下來。

3　把2的2片表布正面對正面重疊，留下
3cm的返口，縫合起來。這個時候，要
先把1的上鰭和下鰭在中央打摺再夾
入當中一起縫合。

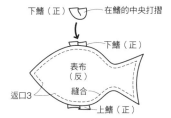

4　留下0.5cm的縫份，剪掉多餘的部分。
接著再沿著曲線將縫份剪出牙口的
話，就能做漂亮的曲線。

5　從返口翻回正面，調整好形狀之後塞
入手工藝用棉花，以藏針縫將返口縫
合。

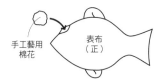

6　在眼睛的位置縫上珠子。

Dill flower
衣架套

Page.39

【完成尺寸】

46×19cm

【25號繡線】

■ DMC 500（綠）— 1束
■ DMC ecru（原色）— 2束

【材料】

表布：亞麻布（灰）— 50X25cm　2片
裡布：亞麻布（灰）— 3X30cm　4片

＊形狀會因使用的衣架而有所不同。
複印紙型時請先確認。

【作法】

1 把繩子用的布折成四折後車縫固定。
以同樣方式製作四條。

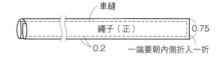

車縫
繩子（正）
0.75
0.2
一端要朝內側折入一折

2 在2片表布反面複印上紙型（p.94），
參考配置樣本把圖案（p.70）複印上
去，刺繡完畢之後加上1.5cm的縫份裁
剪下來。

3 把2片表布正面對正面重疊，留下衣架
穿入口，縫合起來。

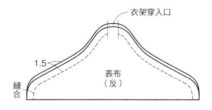

衣架穿入口
1.5
表布（反）
縫合

4 將3留下0.5cm的縫份，剪掉多餘的部
分。把底邊的縫份朝反面折成三折，
車縫固定。

5 把4翻回正面，在四處的繩子縫合位
置縫上1的繩子。

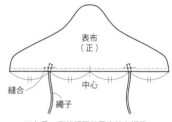

表布（正）
縫合
中心
繩子

※在另一側的相同位置也縫上繩子

Radish
隔熱手套

Page.41

【完成尺寸】

18×33cm

【25號繡線】

■DMC 502（綠）— 2束

■DMC 817（紅）— 1束

【材料】

表布：亞麻布（原色）
　— 25X40cm　2片

裡布：壓棉布（原色）
　— 25X40cm　2片

繩子：亞麻布（原色）— 3X6cm

【作法】

1 把繩子用的布折成四折車縫固定。

車縫
繩子（正）
0.75
0.2
一端要朝內側折入一折

2 在表布‧手背側的正面複印上圖案、反面複印上紙型（p.95），刺繡完畢之後加上1cm的縫份裁剪下來。

3 表布‧手心側需將紙型左右反轉過來複印，刺繡完畢之後加上1cm的縫份裁剪下來。裡布也像表布一樣地複印上紙型裁剪好。

4 把2片表布正面對正面重疊，讓1的繩子呈環狀夾入當中，留下開口，縫合起來。裡布也以同樣方式縫合起來。

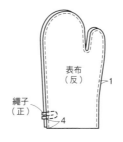

表布
（反）
1
繩子
（正）
4

5 把4的外袋和內袋開口縫份朝內側折入1cm，將外袋翻回正面，然後把內袋套入外袋之中。

裡布（正）
把縫份朝內側折入
表布
（正）

6 把開口調整好，在距離開口邊緣0.2cm的位置車縫固定。

Pear
餐巾

Page.43

【完成尺寸】

40×40cm

【25號繡線】

■DMC 3371（深咖啡）— 2束

■DMC 3012（綠）— 4束

【材料】

40X40cm的市售亞麻餐巾 — 1條

【作法】

在餐巾的四周邊緣把圖案（p.74）均衡地複印上去，進行刺繡。

Pon pon flower
咖啡廳圍裙

Page.45

【完成尺寸】

100×36cm

【25號繡線】

■DMC 645（灰）— 4束

■DMC 834（黃）— 2束

【材料】

表布：亞麻布（淺灰）— 45X105cm

口袋：亞麻布（淺灰）— 25X45cm

帶子：亞麻布（淺灰）
　　— 10X70cm　2片

【作法】

---

1 把帶子用的布折成四折變為2.5cm寬，車縫固定。製作兩條。
※作法請參照p.77「迷你手提包」的步驟1。

2 把表布依照下圖尺寸各加上2cm的縫份裁剪好。把2cm的縫份折成三折，於周圍車縫固定。

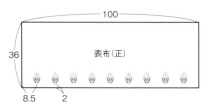

3 把圖案（p.74）複印在表布上，進行刺繡。

4 把口袋用的布依照右圖尺寸裁剪好，將口袋開口的縫份折成三折車縫固定。周圍各折起1cm，縫合在表布上。在兩處的帶子縫合位置處縫上1的帶子。

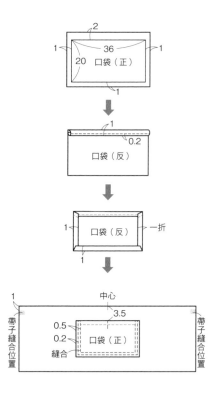

Tile pattern
香包

....

Page.47

【完成尺寸】

直徑9cm

【25號繡線】

■ DMC 640（綠）— 1束

■ DMC 754（淺粉紅）— 1束

【材料】

表布：亞麻布（綠）— 15X15cm　2片

裡布：亞麻布（綠）— 50X10cm　1片

0.5cm寬的繩子 — 30cm

【作法】

1 在2片表布的正面複印上圖案、反面複印上紙型（p.75），刺繡完畢之後加上1cm的縫份裁剪下來。

2 在裡布複印上紙型（p.95），加上1cm的縫份裁剪下來。把直線的邊折成三折車縫固定。製作2片。

3 把2片裡布正面對正面疊在表布上，夾入繩子之後，沿邊縫合一圈。

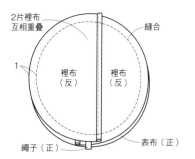

4 留下0.5cm的縫份，剪掉多餘的部分。翻回正面。以同樣的方式製作另一個香包。

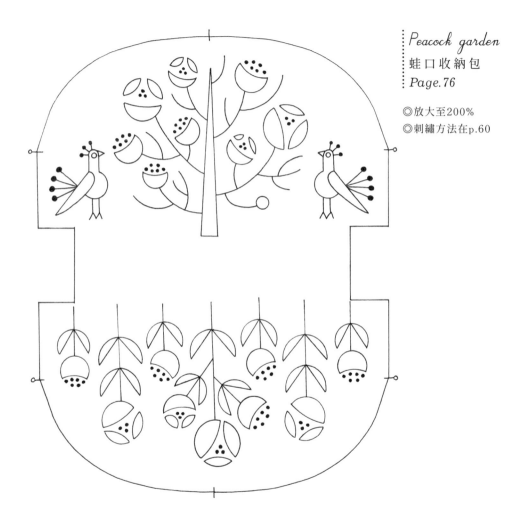

Peacock garden
蛙口收納包
Page.76

◎放大至200%
◎刺繡方法在p.60

Flower wreath

杯墊

Page.78

◎放大至200%
◎刺繡方法在p.65

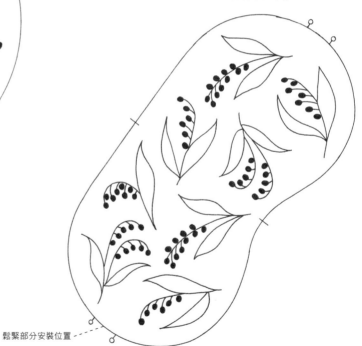

Lily of the valley

眼罩

Page.81

◎放大至200%
◎刺繡方法在p.67

鬆緊部分安裝位置

Pineapple
嬰兒短褲
Page.83

◎放大至200%
◎刺繡方法在p.70

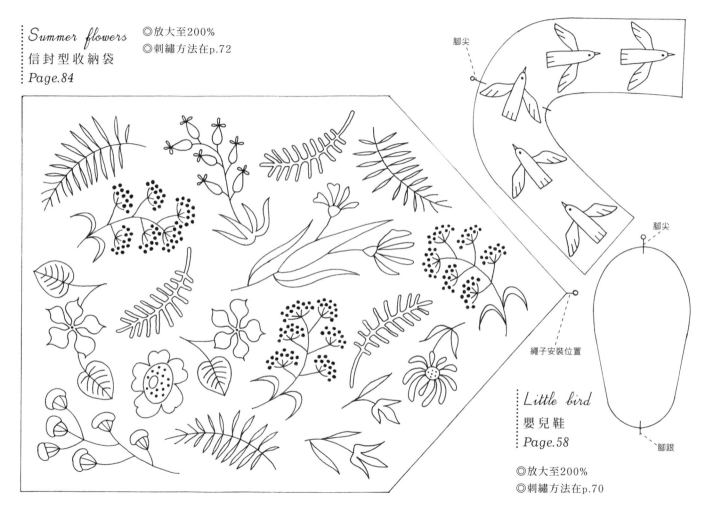

Summer flowers
信封型收納袋
Page.84

◎放大至200%
◎刺繡方法在p.72

腳尖

繩子安裝位置

Little bird
嬰兒鞋
Page.58

◎放大至200%
◎刺繡方法在p.70

腳尖

腳跟

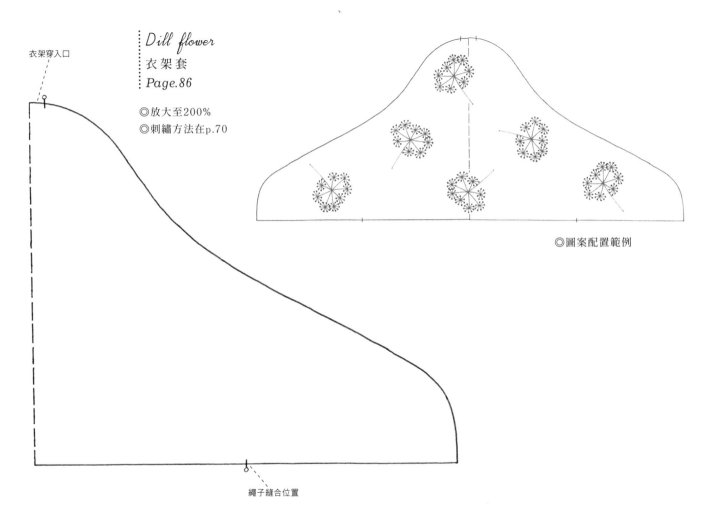

衣架穿入口

Dill flower
衣架套
Page.86

◎放大至200%
◎刺繡方法在p.70

◎圖案配置範例

繩子縫合位置

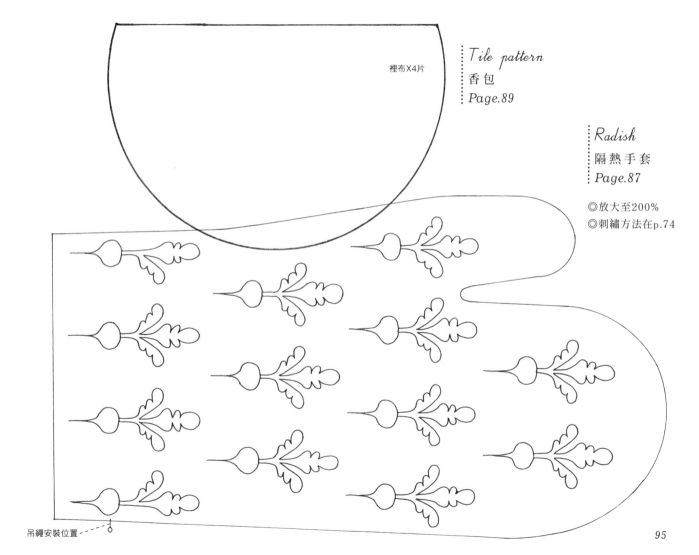

裡布X4片

Tile pattern
香包
Page.89

Radish
隔熱手套
Page.87

◎放大至200%
◎刺繡方法在p.74

吊繩安裝位置

樋口愉美子（Yumiko Higuchi）

1975年生。於多摩美術大學畢業後，成為手作包包設計師。在商店銷售作品並舉辦作品展。2008年起開始成為刺繡作家，發表以植物和昆蟲等生物為主題的原創刺繡作品。著作有《簡約輕手作 單色刺繡圖案集》。
http://yumikohiguchi.com

材料協力	DMC http://www.dmc.com（全球網站） http://www.dmc-kk.com（網站型錄）
發行人	大沼 淳
書籍設計	塚田佳奈（ME&MIRACO）
攝影	masaco
造型	前田かおり
髮妝	KOMAKI
模特兒	Rachel MacMaster（Sugar&Spice）
描圖&DTP	関 和之（WADE）
校閲	向井雅子
編輯	土屋まり子（3Season） 西森知子（文化出版局）

清新又可愛 雙色刺繡圖案&小物集
2019年12月1日初版第一刷發行

作　　　者	樋口愉美子
譯　　　者	許倩珮
編　　　輯	魏紫庭
美術編輯	黃郁琇
發 行 人	南部裕
發 行 所	台灣東販股份有限公司 ＜地址＞台北市南京東路4段130號2F-1 ＜電話＞(02)2577-8878 ＜傳真＞(02)2577-8896 ＜網址＞http://www.tohan.com.tw
郵撥帳號	1405049-4
法律顧問	蕭雄淋律師
總 經 銷	聯合發行股份有限公司 ＜電話＞(02)2917-8022

TOHAN

國家圖書館出版品預行編目資料

清新又可愛雙色刺繡圖案&小物集 ／ 樋
口愉美子作；許倩珮譯. -- 初版. -- 臺
北市：臺灣東販，2019.12
　96面；21×14.7公分
　譯自：2色で楽しむ刺繡生活
　ISBN 978-986-511-194-6（平裝）

1.刺繡 2.手工藝 3.圖案

426.2　　　　　　　　　108018516

NISHOKU DE TANOSHIMU SHISHU SEIKATSU
© YUMIKO HIGUCHI 2014
Originally published in Japan in 2014 by
EDUCATIONAL FOUNDATION BUNKA GAKUEN BUNKA PUBLISHING BUREAU.
Chinese translation rights arranged through TOHAN CORPORATION, TOKYO.